小世界科普启蒙图画书

一千零一只蚂蚁

[法]乔安娜·雷萨克 著/绘　张昕 译

電子工業出版社
Publishing House of Electronics Industry
北京·BEIJING

本书卡通形象为作者创意手绘作品，
现实形象等你来探索与发现。

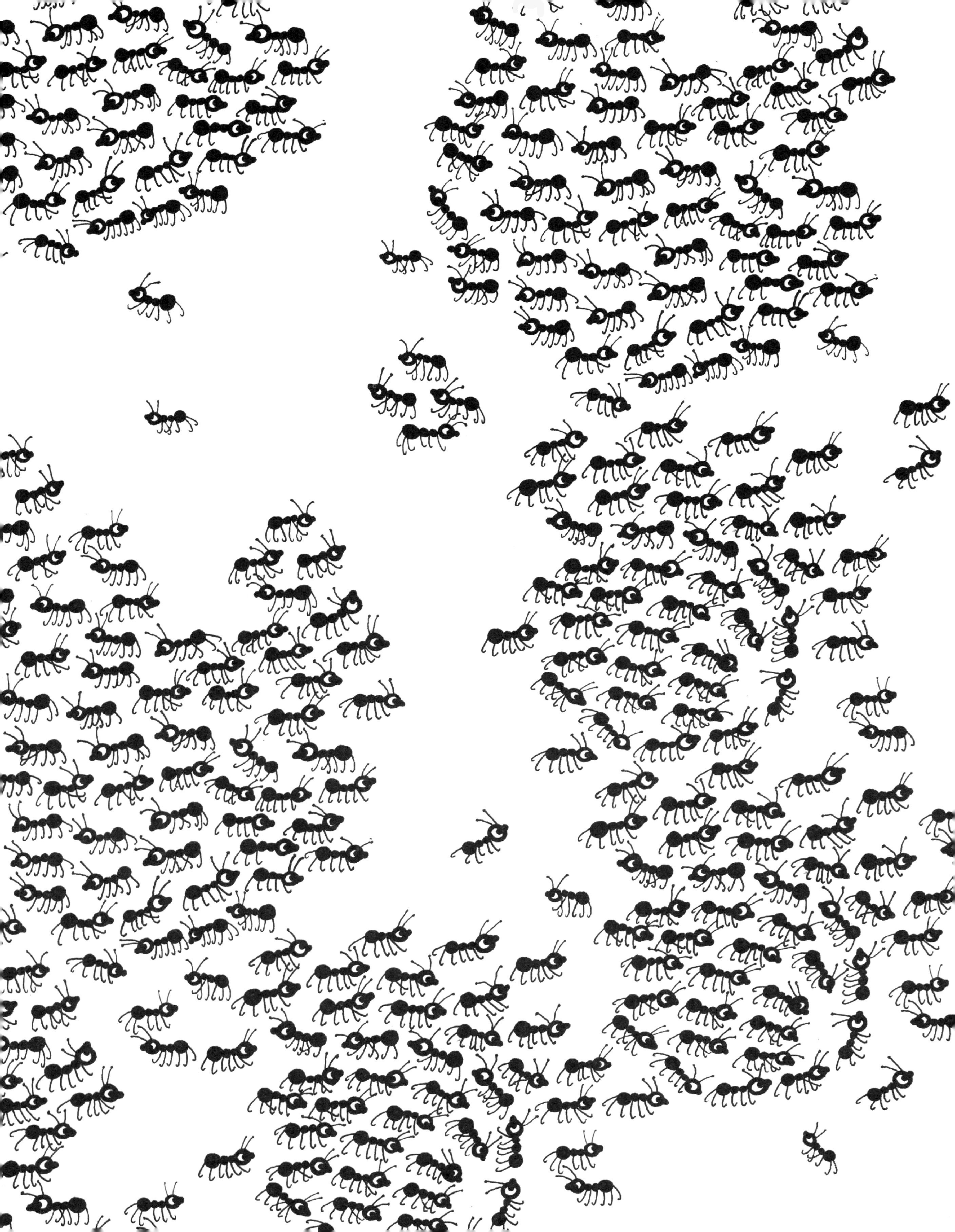

在大森林里，你常常能看见一个个神秘的小土包，土包上面还盖着针叶和细沙。这些就是蚂蚁的家！
每个小土包底下，都生活着成千上万只蚂蚁。它们的家里每天都发生着数不清的事儿！
工蚁全都是雌性。它们的大小和模样各不相同。最小的工蚁从来不离开蚁穴。最大的工蚁是蚁穴门口的卫士。中等大小的工蚁要负责出去找吃的带回家。
小小的蚜虫能分泌出蜜露，这是蚂蚁最喜欢的东西！蚂蚁会在蚁穴里饲养小蚜虫，这样就能时刻享受到甜美的蜜露啦！
刚从卵里孵出来的蚂蚁幼虫就住在这个房间里。它们中的绝大多数都会长成工蚁，少数会变成蚁后或雄蚁。蚁穴里有工蚁专门负责给小蚂蚁喂饭吃。
这是存放蚂蚁卵的房间。瞧，它们就是刚刚出生的小蚂蚁。欢迎欢迎！

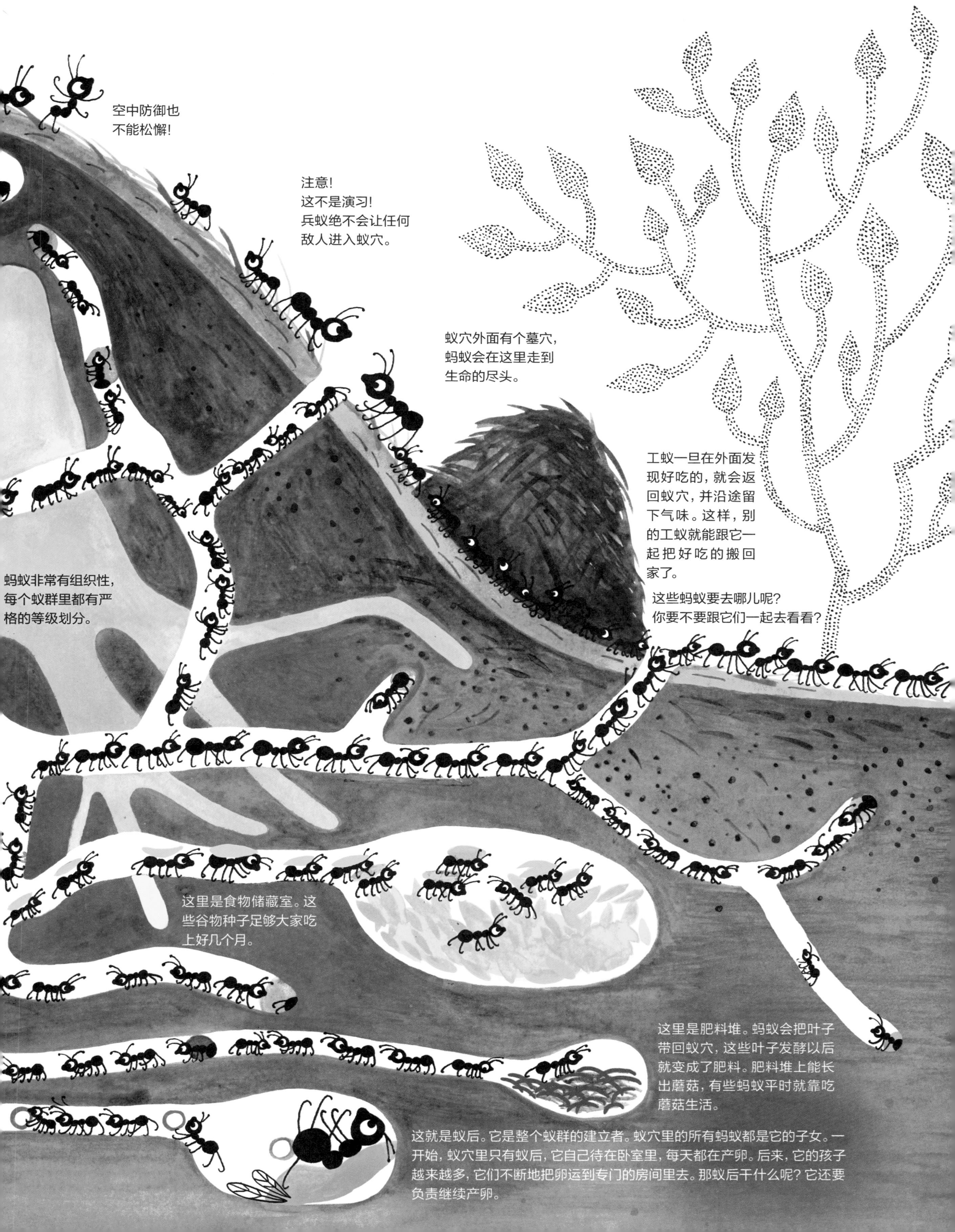
空中防御也
不能松懈！
注意！
这不是演习！
兵蚁绝不会让任何
敌人进入蚁穴。
蚁穴外面有个墓穴，
蚂蚁会在这里走到
生命的尽头。
工蚁一旦在外面发
现好吃的，就会返
回蚁穴，并沿途留
下气味。这样，别
的工蚁就能跟它一
起把好吃的搬回
家了。
这些蚂蚁要去哪儿呢？
你要不要跟它们一起去看看？
蚂蚁非常有组织性，
每个蚁群里都有严
格的等级划分。
这里是食物储藏室。这
些谷物种子足够大家吃
上好几个月。
这里是肥料堆。蚂蚁会把叶子
带回蚁穴，这些叶子发酵以后
就变成了肥料。肥料堆上能长
出蘑菇，有些蚂蚁平时就靠吃
蘑菇生活。
这就是蚁后。它是整个蚁群的建立者。蚁穴里的所有蚂蚁都是它的子女。一
开始，蚁穴里只有蚁后，它自己待在卧室里，每天都在产卵。后来，它的孩子
越来越多，它们不断地把卵运到专门的房间里去。那蚁后干什么呢？它还要
负责继续产卵。

苔藓喜欢长在阴暗潮湿的地方。
蚂蚁离开了蚁穴。它们一个跟着一个，在大森林里列队前进。
铃兰会在五月开花。不过要小心，它是有毒的！
银莲花是最先开花的植物。要是你去大森林里春游，就能看见它们开得到处都是，好像一条大地毯。

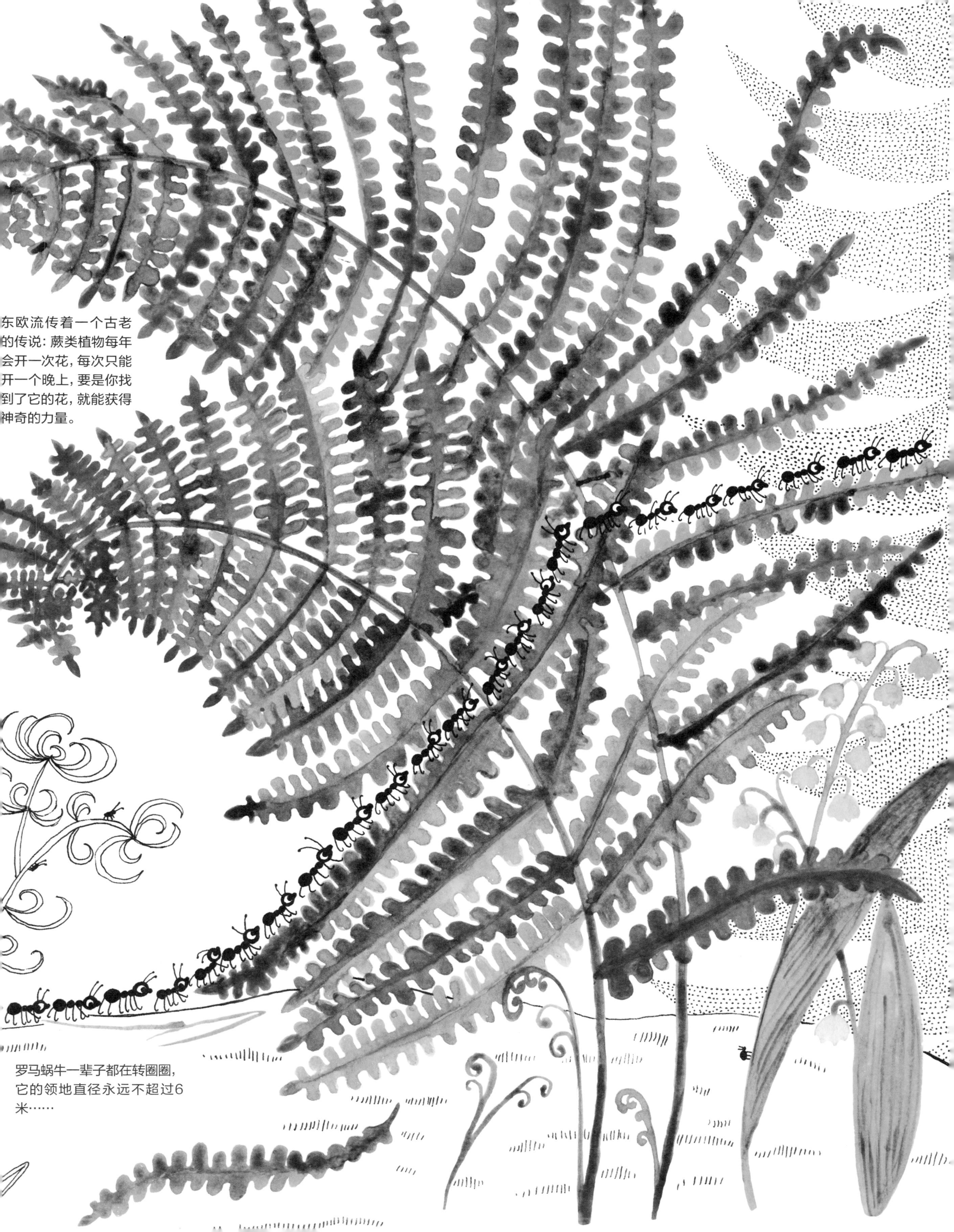
东欧流传着一个古老的传说：蕨类植物每年会开一次花，每次只能开一个晚上，要是你找到了它的花，就能获得神奇的力量。
罗马蜗牛一辈子都在转圈圈，它的领地直径永远不超过6米……

一起来采蘑菇吧！
你能认出几种蘑菇呢？
注意：有些蘑菇是有毒的，甚至可能会致命。
一定要事先问过专业人士，甚至是药剂师，然后再去采蘑菇。
哪怕你只是怀疑篮子里的某个蘑菇可能有毒，也要毫不犹豫地把整篮子的蘑菇都扔掉。
瞧，这是牛肝菌，它是一种可以吃的蘑菇。它格外美味，蘑菇爱好者都会努力在大森林里寻找它。
羊肚菌的样子很特别。它也是可以吃的，不过千万别生吃！

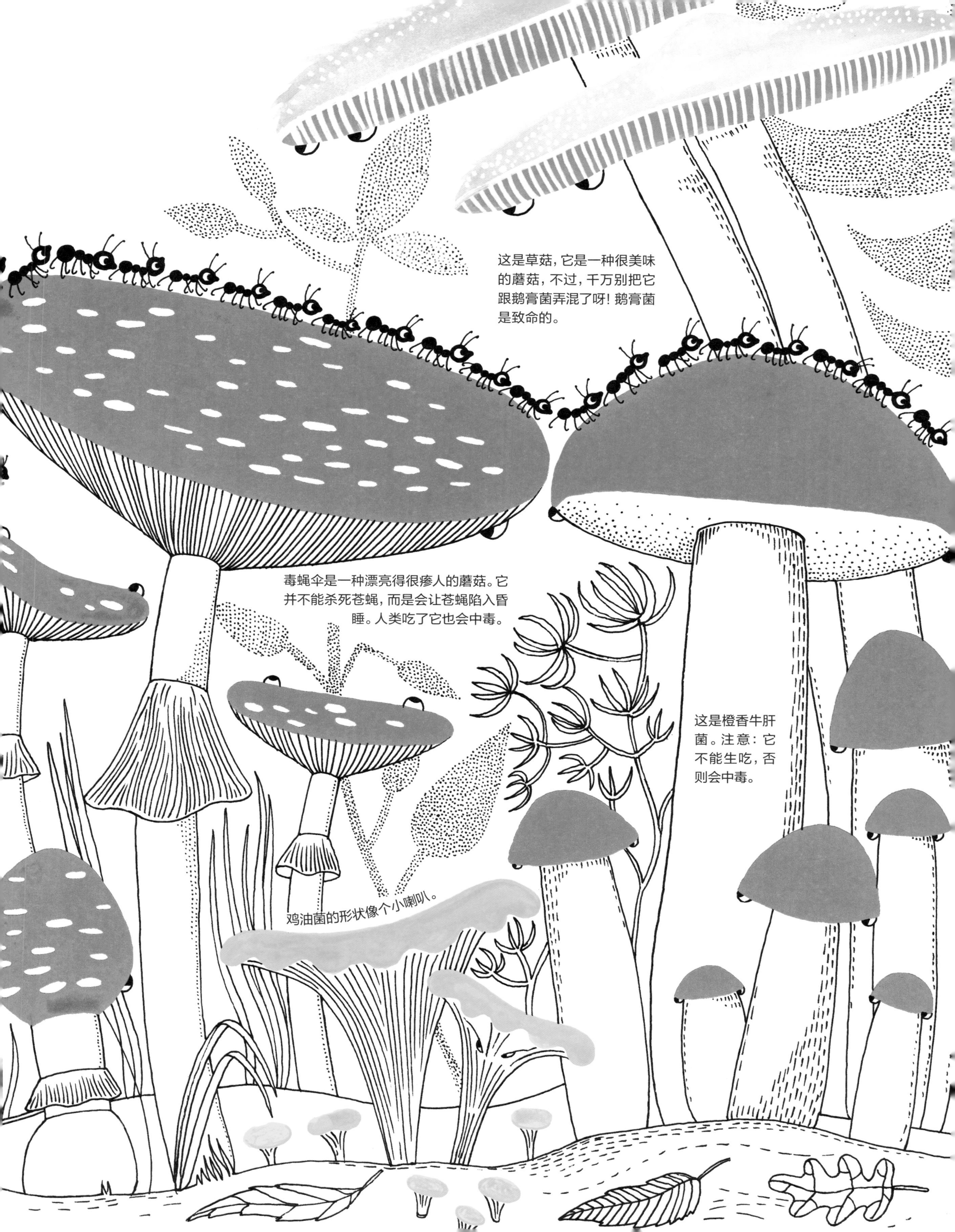
这是草菇，它是一种很美味的蘑菇，不过，千万别把它跟鹅膏菌弄混了呀！鹅膏菌是致命的。
毒蝇伞是一种漂亮得很瘆人的蘑菇。它并不能杀死苍蝇，而是会让苍蝇陷入昏睡。人类吃了它也会中毒。
这是橙香牛肝菌。注意：它不能生吃，否则会中毒。
鸡油菌的形状像个小喇叭。

大树开始落叶了，
秋天来了。
橡子是橡
树的果实。
成熟的栗子会从栗子树上
掉下来，外面带有尖刺的
壳斗会裂开，里面藏着的
果实是许多动物很喜欢的
美餐。

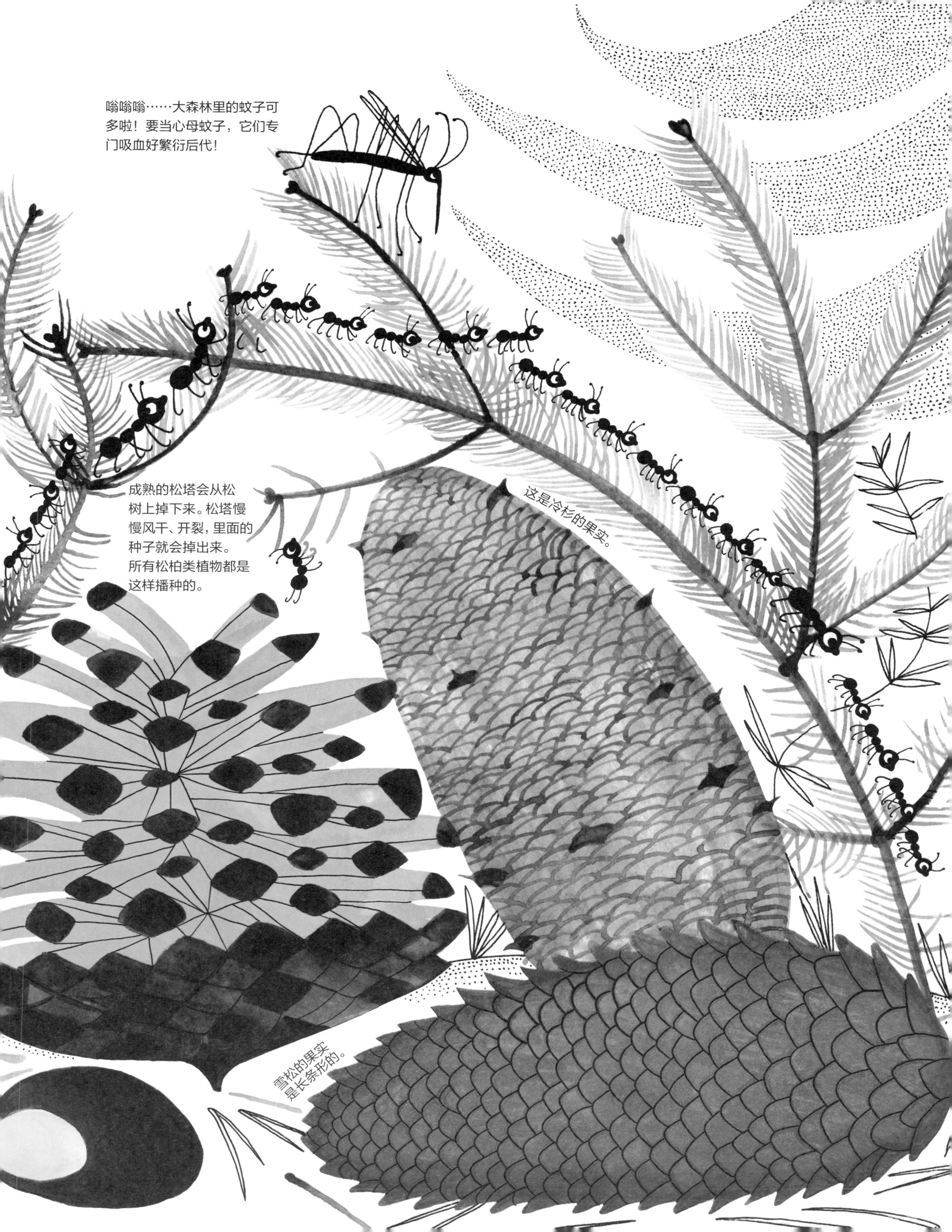
嗡嗡嗡……大森林里的蚊子可多啦！要当心母蚊子，它们专门吸血好繁衍后代！
成熟的松塔会从松树上掉下来。松塔慢慢风干、开裂，里面的种子就会掉出来。所有松柏类植物都是这样播种的。
这是冷杉的果实。
雪松的果实是长条形的。

蜻蜓的飞行速度可以
达到每小时50千米！
它简直就是昆虫里的
小火箭！而且，蜻蜓
还能在高速飞行中抓
住蚊子！
当心！青蛙特别
喜欢吃蚂蚁……
许多小动物都喜欢在睡莲叶子上休息。

芦苇的茎特别柔韧，
它很不容易折断。
这是欧亚萍蓬草，它的花朵很漂亮。起初，花苞长在水下，要开花的花梗会慢慢长到水面以上。每根花梗的顶端只开一朵花。
这是水黾，俗称水蜘蛛，它的脚上长有细细的绒毛，可以帮助它在水面上行走。如果有小昆虫掉进水里，水蜘蛛能立刻感觉到它们挣扎带来的震动。它会施展出“轻功水上漂”，第一时间赶过去把昆虫吃掉。

蒲公英的绒毛就是它的种子。这些绒毛飞到哪儿，新的蒲公英就会长到哪儿。
绿蝈蝈能跳7米高，
这是它身高的300倍！
长叶车前具有药用价值，所以很受欢迎。
它能有效缓解胡蜂蜇伤、蚊虫叮咬和荨麻过敏。

燕麦
小麦
这只毛毛虫正在等待自己变成金凤蝶。要是有敌人来招惹它，它会释放出特殊的气味，这样就能赶走捕食者。

千万要当心蜱！
它们会叮人！
蜘蛛网是捕食昆虫的陷阱。猎物会被粘在网上，怎么挣扎也挣不脱。
雄性蜘蛛非常小。要接近雌性蜘蛛时，雄性蜘蛛总会带上一份好吃的作为礼物，否则雌蜘蛛就会把它给吃掉。
天啊！我要完蛋啦！
瞧，屎壳郎正在努力往后退，一边退一边……滚粪球。轮胎该不会就是它发明的吧？在大森林里，它是循环利用的专家。

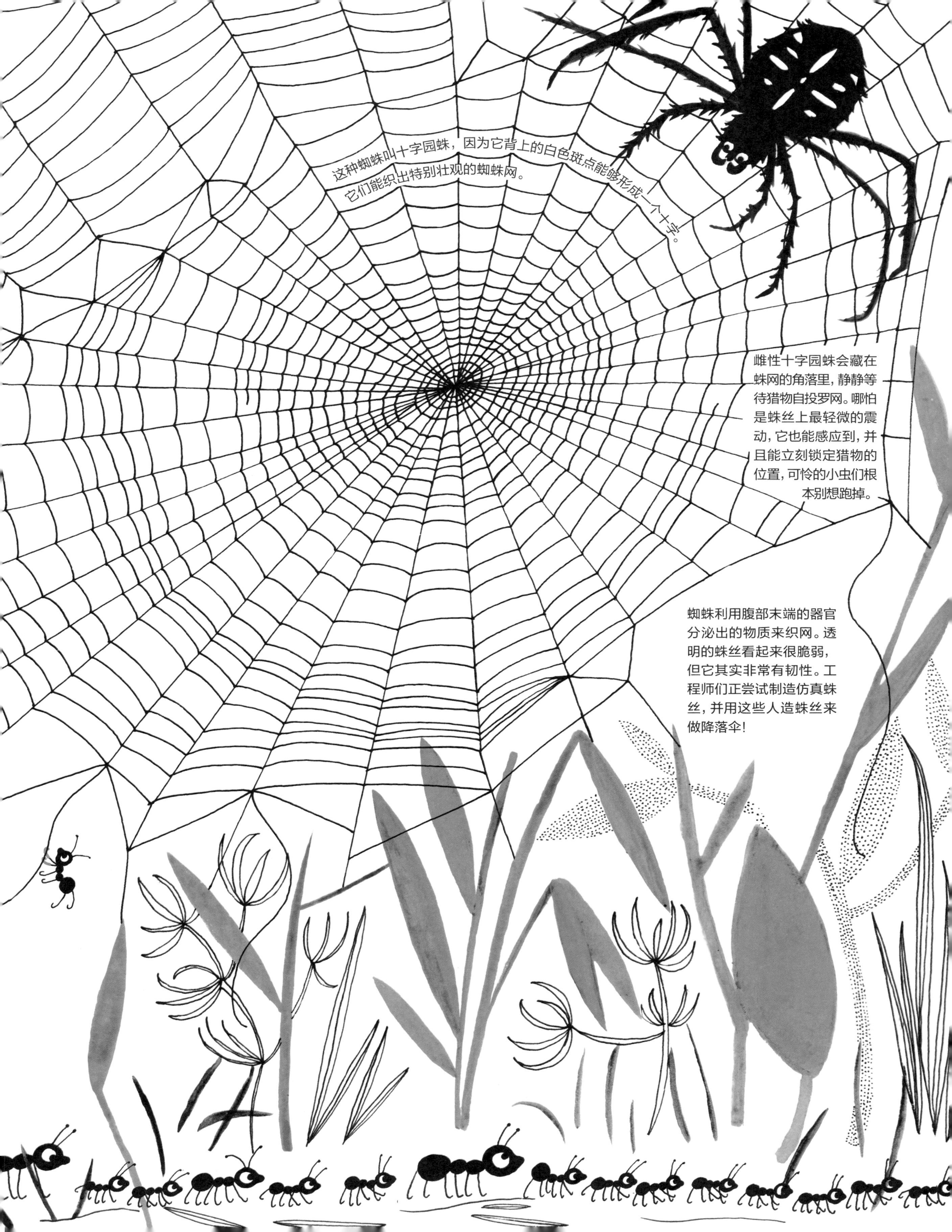
这种蜘蛛叫十字园蛛，因为它背上的白色斑点能够形成一个十字。
它们能织出特别壮观的蜘蛛网。
雌性十字园蛛会藏在蛛网的角落里，静静等待猎物自投罗网。哪怕是蛛丝上最轻微的震动，它也能感应到，并且能立刻锁定猎物的位置，可怜的小虫们根本别想跑掉。
蜘蛛利用腹部末端的器官分泌出的物质来织网。透明的蛛丝看起来很脆弱，但它其实非常有韧性。工程师们正尝试制造仿真蛛丝，并用这些人造蛛丝来做降落伞！

哎呀！上山啦！这是一头正在睡
觉的熊。到了冬天，森林里的大
熊甚至会一觉睡上五个月！

毛毛虫已经变成金凤蝶啦！

黄水仙在春天开花。它的花朵形状很特别，就好像一个个小喇叭。
野兔的胆子很小，但它跑得特别快，只要稍有风吹草动，它就会立刻撒腿逃跑。野兔的后腿又长又有劲儿，所以它也是个跳高健将。
刺猬正在森林里散步。当心！刺猬爱吃昆虫，蚂蚁对它来说是一顿美餐！

瞧，几只千足虫正爬到树上晒太阳。
苔藓长在哪一边呢？答案是北边。这样它就总能待在阴影里了。
蜜环菌是一种蘑菇，在大树底下经常能看到它。不过，看看就好，千万不要摘呀！

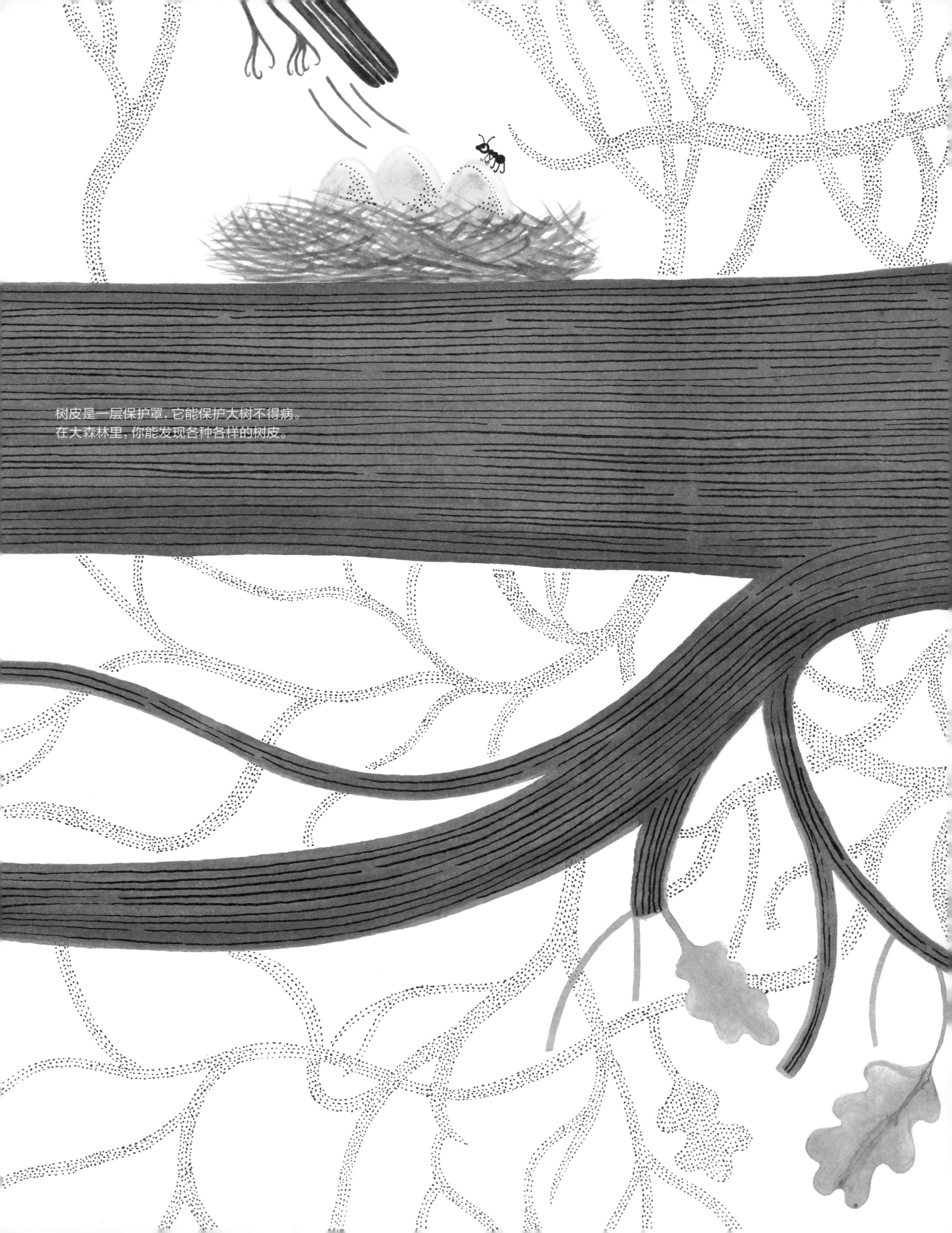

树皮是一层保护罩，它能保护大树不得病。
在大森林里，你能发现各种各样的树皮。

如果你看到了地衣，那说明森林里的空气质量很好。所以说，地衣是天然的空气质量探测器。
梳角窃蠹特别喜欢啃木头，对于多叶树，尤其是橡树来说，它们是一群非常危险的敌人。
哎呀呀！有只蚂蚁掉下去啦！别担心，蚂蚁是不会摔死的。它们实在太轻了，即便从高处掉在地上也能安然无恙。
蛾子白天睡觉，夜晚出来活动。它们的翅膀上带有特殊的花纹，这是用来吓唬捕食者的。
猫头鹰是一种夜行动物，每到夜晚，我们就能听见它那别具特色的叫声。你听！咕咕咕！咕咕！那就是猫头鹰啦。

橡子要掉下来了。每颗掉在地上的橡子都能长成一棵新的橡树。
橡木质地坚硬，结实耐用，是非常受欢迎的建筑材料。我们还会用它来制作葡萄酒桶。

枫树的果实
是翅果。
蚂蚁们继续前进……
apapap! apapap!
这是什么鸟在叫呀?
蜗牛不仅爬得慢,而
且只能往前爬,它的
脚其实只是一块肌
肉。蜗牛总是慢悠悠
的,它的平均速度是
每分钟6厘米!
枫叶边缘有很多尖尖的小角,所
以很容易辨认。加拿大国旗上就
有一片红色的枫叶。

APAPAP,
APAPAP!

绿啄木鸟的舌头有黏性，而且特别长：它的舌头能伸出嘴巴外面足足10厘米！大多数时候，啄木鸟的舌头都是卷起来的，收在它的颅骨里面。用这种长舌头吃起蚂蚁来当然很容易啦！其实，蚂蚁正是它的日常主食。所以说，绿啄木鸟是个不折不扣的蚂蚁杀手！

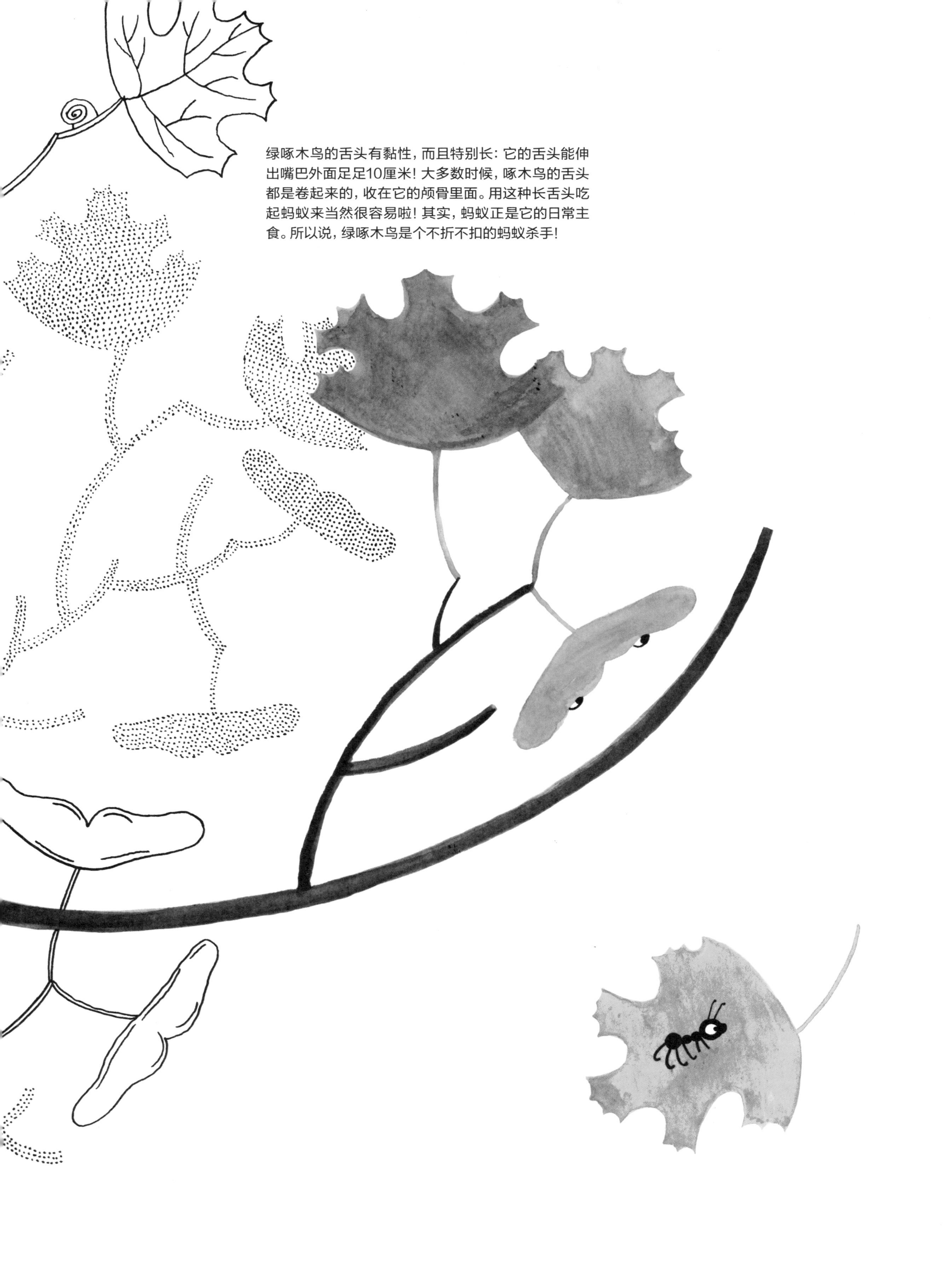